童趣出版有限公司编　　人民邮电出版社出版
北　京

图书在版编目（CIP）数据

昆虫世界1000个奇趣贴纸全收藏 : 昆虫的奥秘 / 童趣出版有限公司编. -- 北京 : 人民邮电出版社, 2024.1
ISBN 978-7-115-62685-1

Ⅰ. ①昆… Ⅱ. ①童… Ⅲ. ①昆虫－儿童读物 Ⅳ. ①Q96-49

中国国家版本馆CIP数据核字(2023)第179426号

责任编辑：安　洁
执行编辑：陈雨侬
责任印制：孙智星
封面设计：王东晶
排版制作：北京启智航远文化有限公司

编　　：童趣出版有限公司
出　　版：人民邮电出版社
地　　址：北京市丰台区成寿寺路11号邮电出版大厦（100164）
网　　址：www.childrenfun.com.cn

读者热线：010-81054177　　经销电话：010-81054120

印　　刷：天津市光明印务有限公司
开　　本：889×1194　1/16
印　　张：2
字　　数：30千字
版　　次：2024年1月第1版　2024年1月第1次印刷
书　　号：ISBN 978-7-115-62685-1
定　　价：39.80 元

版权所有，侵权必究。如发现质量问题，请直接联系读者服务部：010-81054177。

昆虫世界

请你从贴纸页中找到贴纸，将其贴在对应的位置上，把藏在花丛中的昆虫找出来。

昆虫的第一个家

昆虫们在哪里出生？它们吃什么样的食物长大？请你完成迷宫游戏，揭晓问题答案。

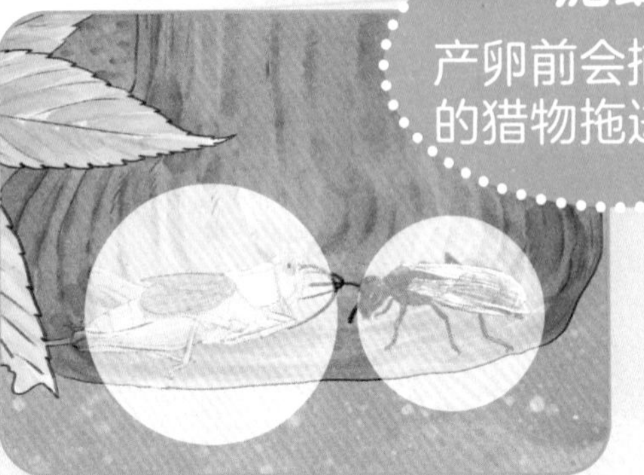

泥蜂

产卵前会捕捉肥硕的猎物拖进地洞。

菜粉蝶

把卵产在菜叶上。

象鼻虫

把卵产在橡果里。

蝉

把卵产在树皮或者树缝中。

圣甲虫

会在地下巢穴里堆出梨形的粪球。

圣甲虫幼虫

吃着圆鼓鼓的
粪块长大。

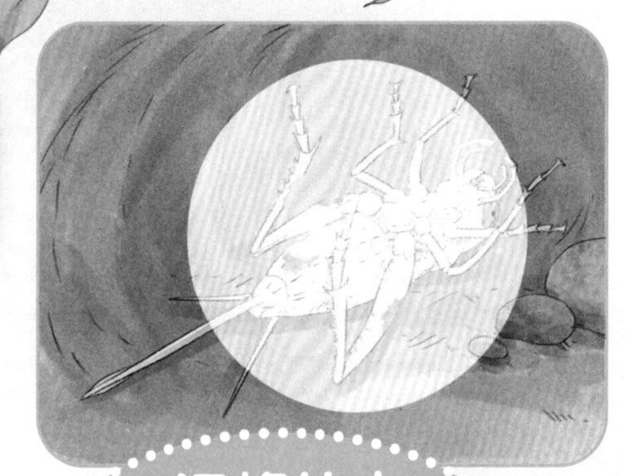

泥蜂幼虫

在地洞中吸食妈妈
捕捉的猎物长大。

象鼻虫幼虫

躺在橡果里吃着
果仁长大。

菜青虫

住在菜园里，
吃着甘甜的菜
叶长大。

蝉宝宝

会钻进土里，
喝树根的汁
液长大。

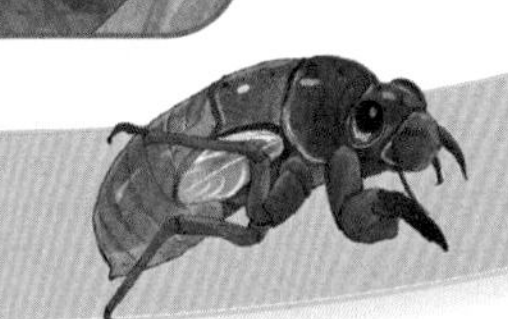

美味大餐

请你从贴纸页中找到贴纸，将其贴在对应的位置上，帮助昆虫找到它们喜爱的食物。

黑步甲

喜欢吃肉的昆虫

金步甲

喜欢吃嫩叶的昆虫

纺织娘

蝴蝶

象鼻虫

螳螂

喜欢喝树汁的昆虫

蝈蝈儿

蚂蚁

蝉

蜜蜂

蚂蚁的战争

红蚂蚁会抢走黑蚂蚁的蚁蛹，让蚁蛹中孵化出的黑蚂蚁为自己干活儿。为了保护蚁蛹的安全，黑蚂蚁会全力反抗，一场蚂蚁大战即将开始。

天敌出现了

面对天敌，再机智灵活的昆虫也很难逃脱。

蝗虫的天敌

蝗虫

螳螂

螳螂的食谱里有蝗虫。

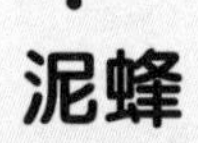

泥蜂

泥蜂的幼虫可以吸食蝗虫的体液长大。

狼蛛

狼蛛把蝗虫看作美味大餐。

苍蝇和蚊子的天敌

蜘蛛

蜘蛛会把粘在蛛网上的苍蝇和蚊子吃掉。

青蛙

青蛙用舌头粘住苍蝇和蚊子，然后把它们吃下去。

苍蝇

蚊子

天牛的天敌

肿腿蜂
肿腿蜂会把卵寄生在天牛幼虫的身上。

啄木鸟
啄木鸟会啄开树皮，吃掉躲在树干里的天牛幼虫。

步甲的天敌

步甲
步甲会自相残杀。

鸟类
鸟类很喜欢吃步甲。

玉米螟的天敌

赤眼蜂
赤眼蜂会把卵寄生在玉米螟的卵中。

和平相处

昆虫界也有很多和平爱好者。请你完成昆虫数独，看看这些能和平相处的昆虫都是谁。

大孔雀蛾
虎斑蝶
菜粉蝶
松异舟蛾

享受阳光

认识一下这些喜欢在白天活动的昆虫。

苍蝇
我的视力在白天更好。
瓢虫
我喜欢温暖的阳光。
蝉
白天，我的歌声特别嘹亮。
蜻蜓
白天，我的视野更清晰。

喜爱黑夜

认识下面这些更喜欢静谧夜晚的昆虫。

金步甲

夜晚是捕捉猎物的好时机。

黑步甲

我每天睡到黄昏才醒。

蟋蟀

我喜欢在夜晚歌唱。

萤火虫

夜晚，我散发的光亮格外清晰。

穴居狼蛛

我不是昆虫，但我也喜欢在夜晚散步。

松异舟蛾毛虫

我最爱白天睡觉，晚上活动。

蝎子

火眼金睛

和图片 A 相比，对应的图片 B 中有 6 处不同，请你用贴纸页中的贴纸把图片 B 中的不同之处标记出来。

图片 A

图片 B

图片 A
图片 B

小昆虫长大了

这些稚嫩的幼虫是谁？完成迷宫游戏，揭秘幼虫们的身份和它们长大后的模样。

菜粉蝶
松异舟蛾
天牛
泥蜂
萤火虫

昆虫变变变

从幼虫到成虫，昆虫要经历几次蜕变，一起来见证昆虫成长中难得一见的神奇变化吧！

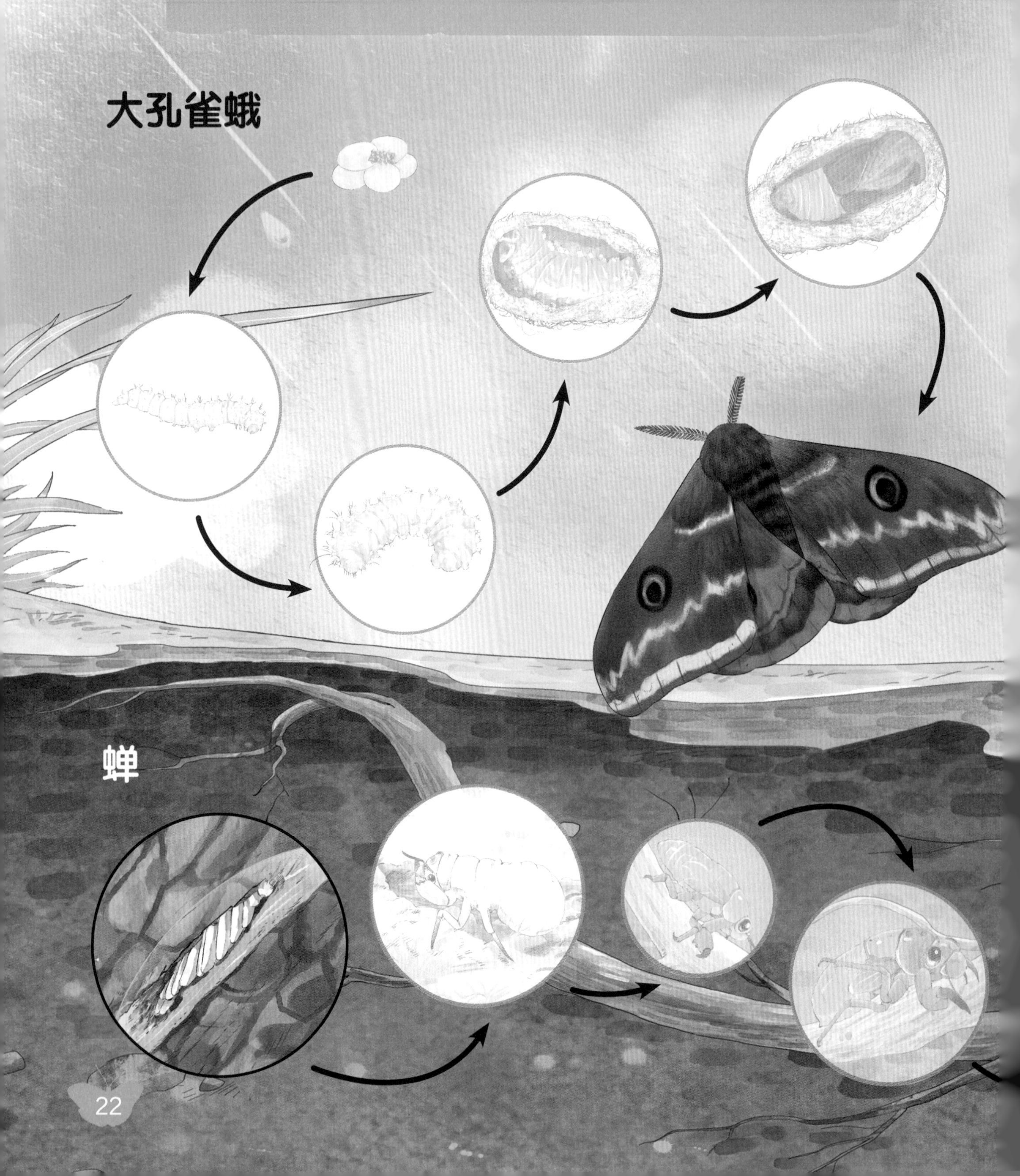

象鼻虫

展翅高飞

请你从贴纸页中找到贴纸，将其贴在对应的位置上，还原象鼻虫破土而出、展翅高飞的模样。

细细辨别

请你先从贴纸页中找到贴纸，贴在对应的位置，再在混乱的昆虫群中找到这些组合。

1
2
3
4
5
6
7
8
9
10

昆虫比大小

请你将日常观察与昆虫们的描述相结合，帮助昆虫们完成比大小的游戏。

我的体形是普通飞蛾的五六倍，比人类的手掌还要大。

大孔雀蛾

捕捉比我小的菜青虫易如反掌。

雄螳螂

期待我的华丽变身。

菜青虫

按照由小到大的顺序排列昆虫

< <

我比菜青虫个头儿小，但它却是我的食物之一。
蚂蚁
我的体形比雄螳螂大。
我的体形特别小，人类要使用放大镜才能看清我。
赤眼蜂
雌螳螂
< <

昆虫收藏

请你从贴纸页中找到贴纸，把昆虫充满生机的样子贴在对应的相框中。

发现“新品种”

请你拿起画笔，发挥想象，给神奇的自然界创造出颜色新颖、花纹独特的“新品种”。

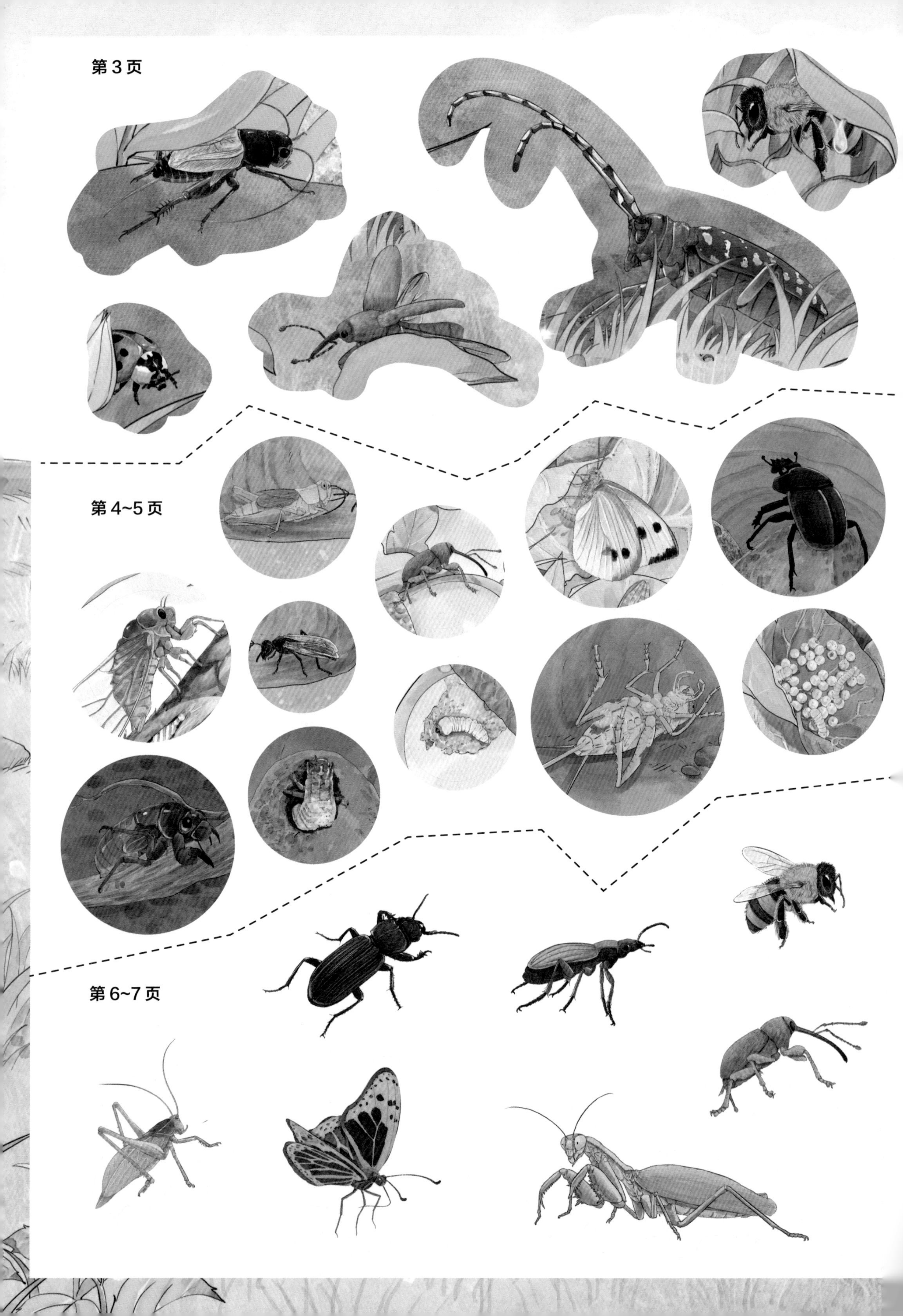
第 3 页
第 4~5 页
第 6~7 页

第 6~7 页

第 8~9 页

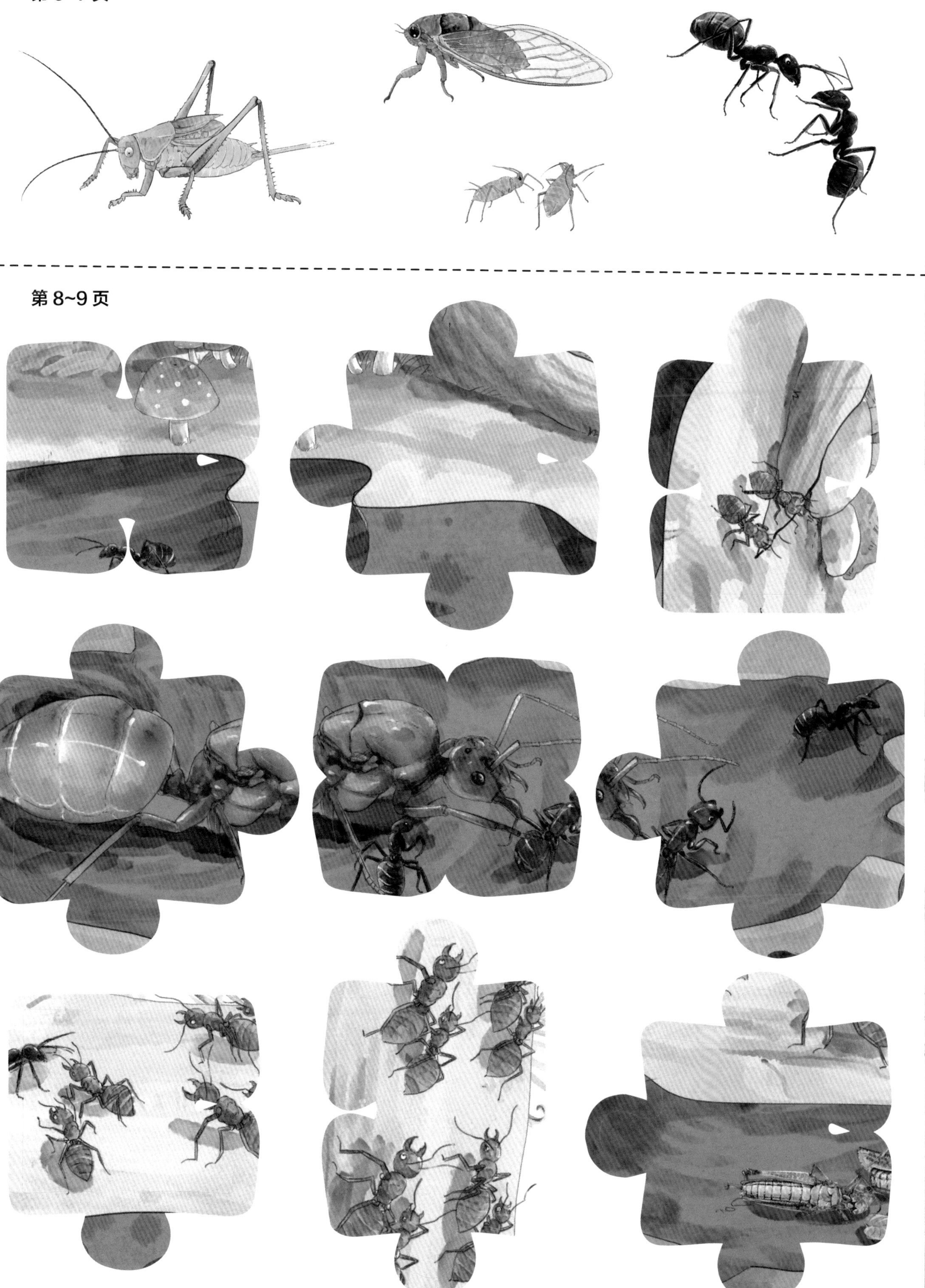

第 8~9 页

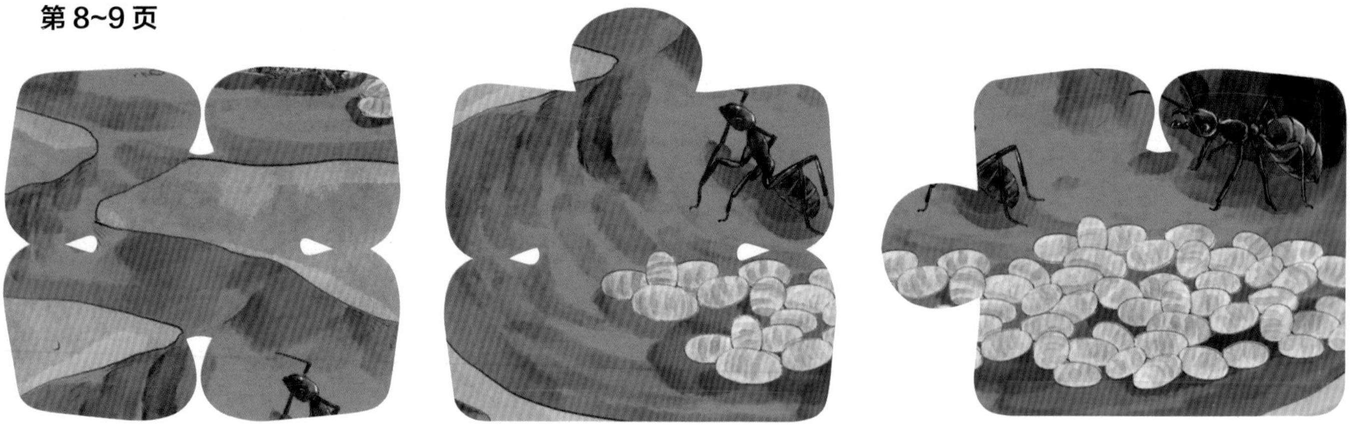

第 10~11 页

第12~13页

第14~15页

第 14~15 页

第 16~17 页

第 18~19 页

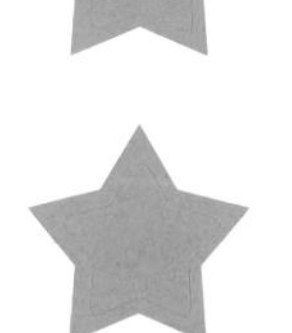

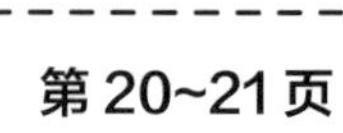

第 20~21 页

第 20~21 页

第 22~23 页

第 24~25 页

第 24~25 页

第 26~27 页

第 28~29 页

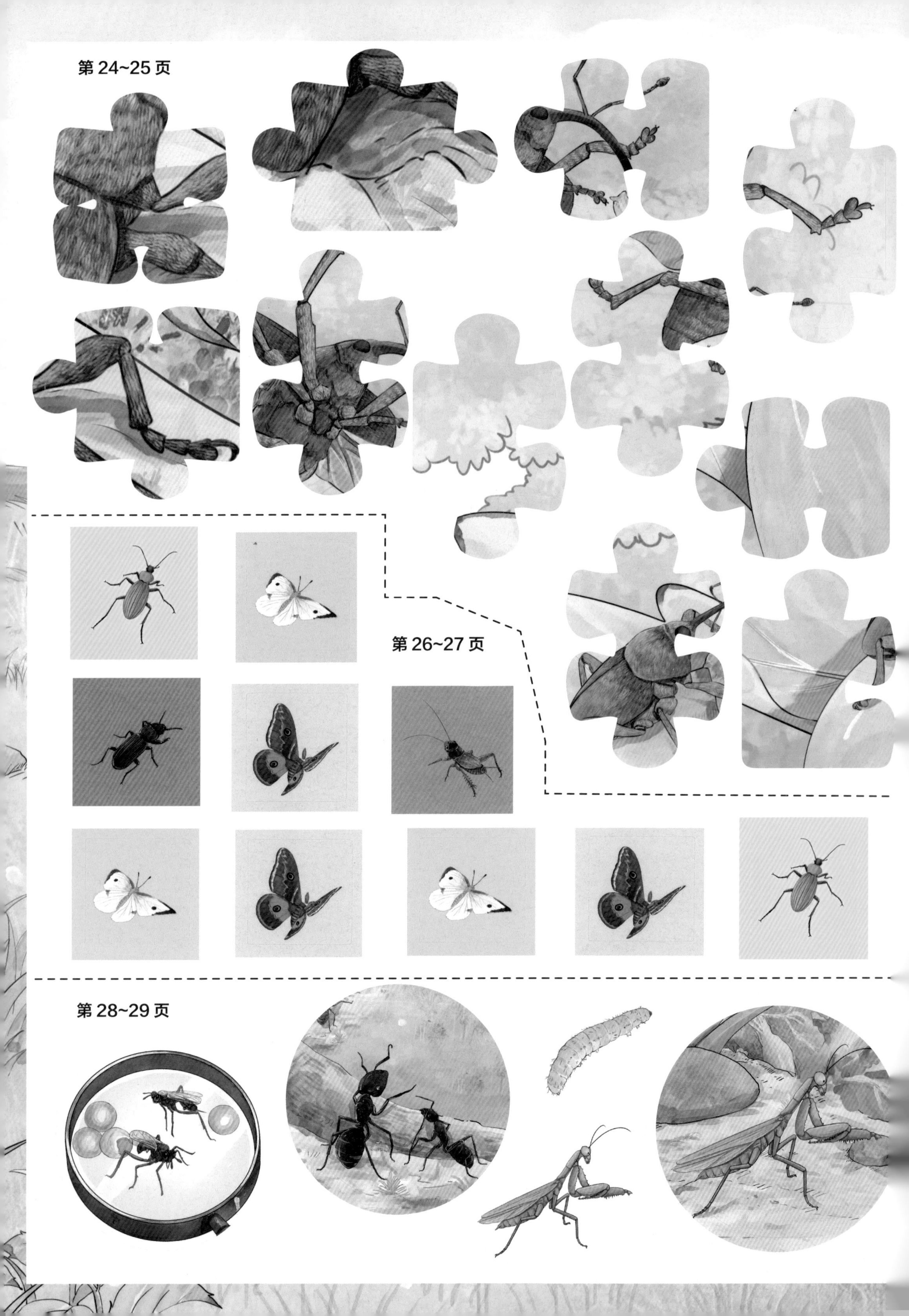

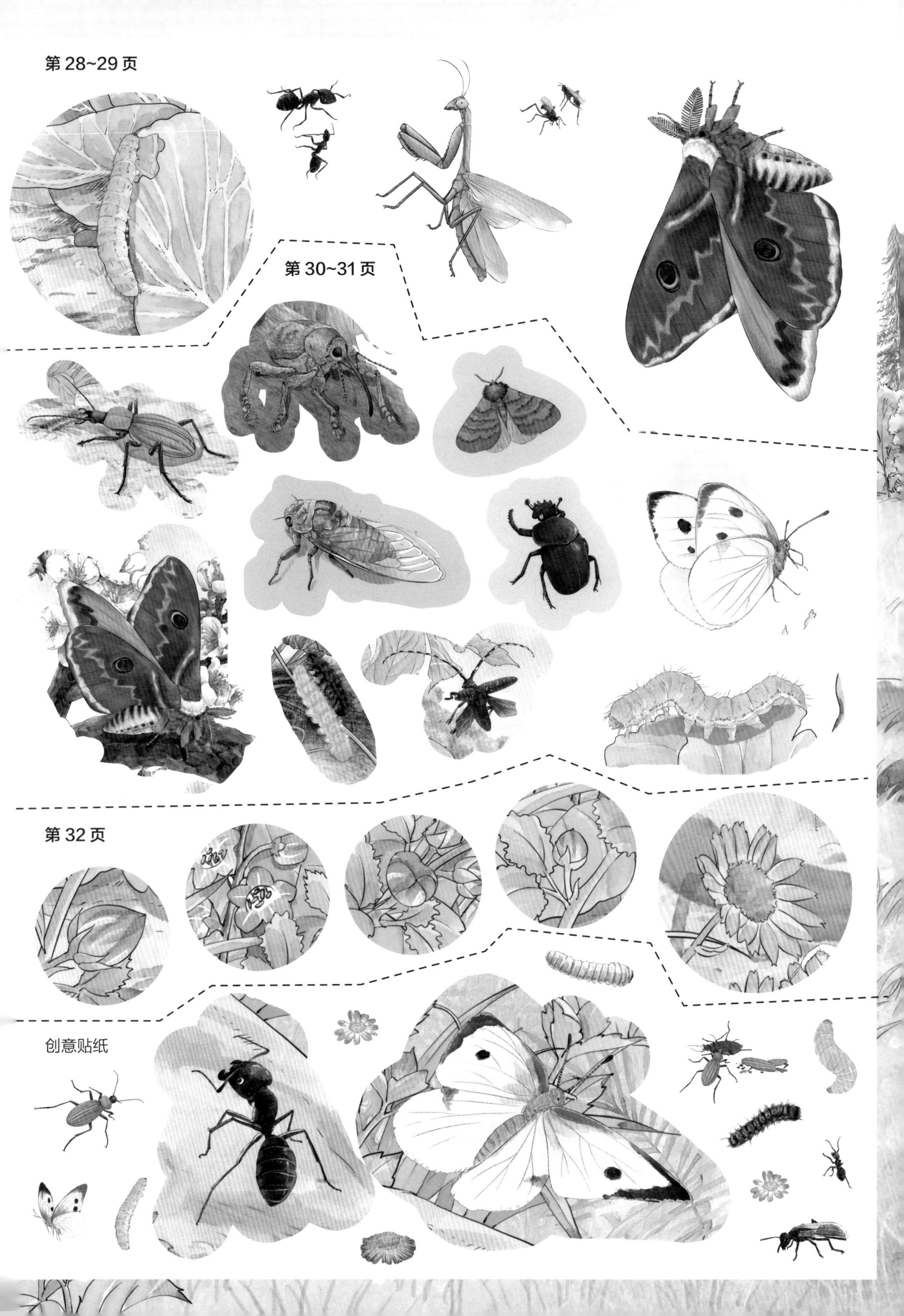
第 28~29 页
第 30~31 页
第 32 页
创意贴纸

创意贴纸

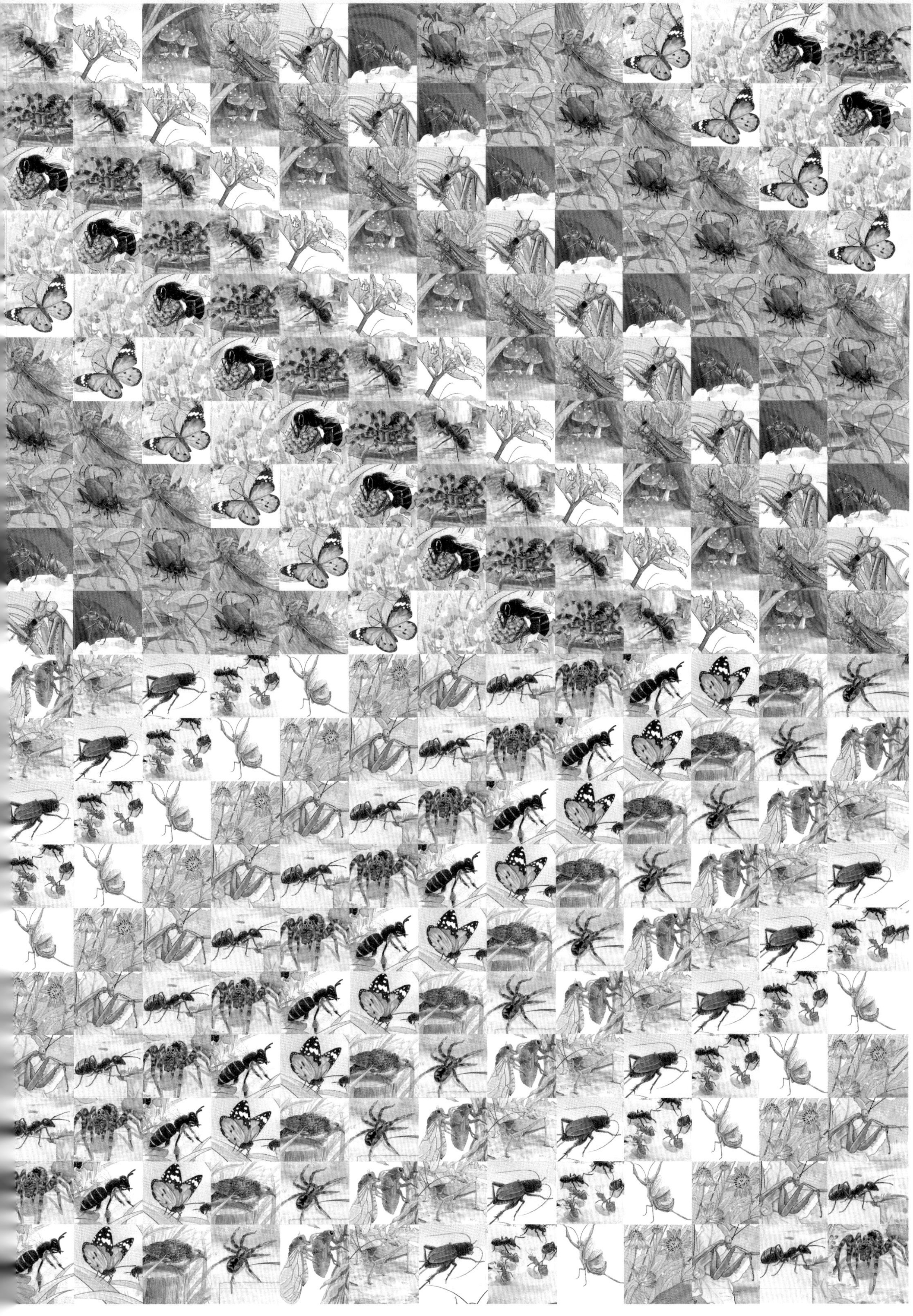

创意贴纸

创意贴纸